AF314632

HISTOIRE NATURELLE

POUR

LA JEUNESSE

PETITE

HISTOIRE NATURELLE

POUR

LA JEUNESSE

—

LES OISEAUX

—

PARIS

F. GUITTET, LIBRAIRE

DE CARTONNAGES ET DE JEUX INSTRUCTIFS

passage des Panoramas, et galerie Feydeau, 12

PARIS — IMPRIMERIE DE ÉDOUARD BLOT, RUE SAINT-LOUIS, 46

PETITE

HISTOIRE NATURELLE

POUR

LA JEUNESSE

LES OISEAUX

PARIS

F. GUITTET, LIBRAIRE

ÉDITEUR DE CARTONNAGES ET DE JEUX UTILES ET AGRÉABLES

38, passage des Panoramas et galerie Feydeau, 12

1860

PETITE

HISTOIRE NATURELLE

POUR

LA JEUNESSE

Les oiseaux, animaux à sang chaud, comme les mammifères, et tous pourvus de quatre membres, se distinguent de tous les autres animaux par leur vêtement de plumes et par la faculté qu'ils ont de voler et de vivre sur terre et dans l'air.

Placés dans la série zoologique immédiatement après les mammifères, les oiseaux composent la seconde classe des vertébrés. Ils sont ovipares, c'est-à-dire qu'ils pondent des œufs d'où sortent leurs petits après avoir été couvés.

La forme générale des oiseaux varie peu : elle est particulière aux êtres qui composent cette classe. Ils respirent au moyen de poumons. Mais une particularité très-remarquable, c'est que l'air respiré ne s'arrête pas dans les poumons, comme chez les mammifères, mais qu'il se transmet des poumons dans plusieurs cavités, nommées *poches aériennes*, d'où il pénètre dans toutes les parties du corps, jusque dans l'intérieur des os et des plumes, d'où l'oiseau peut le retirer, selon les besoins de sa locomotion aérienne.

La forme des oiseaux est la plus favorable au mode de locomotion auquel ils sont essentiellement destinés. Les couleurs des oiseaux, variées à l'infini, surpassent quelquefois en éclat celles des pierres les plus précieuses ou des plus belles fleurs. Le plumage des femelles est généralement moins riche que celui des mâles. Le système nerveux des oiseaux est moins développé que celui des mammifères. L'odorat, quoique moins imparfait, est plus développé. L'appareil de l'ouïe, moins compliqué que chez les mammifères, n'offre pas de conque extérieure.

Ce sens existe cependant à un certain degré de développement chez eux. Mais c'est surtout l'appareil de la vue qui acquiert chez ces animaux un grand degré de perfection.

Le printemps est la phase la plus belle dans l'existence des oiseaux. C'est alors que leurs facultés se développent dans toute leur plénitude, qu'ils revêtent leur plus belle livrée et font entendre ces chants mélodieux à l'aide desquels ils expriment leurs besoins, leurs plaisirs ou leurs peines. Aussitôt que la femelle ressent le besoin de couver, sa sollicitude pour ses futurs petits éclate, et on la voit s'occuper en commun avec le mâle de la construction de son nid, dans laquelle le petit couple déploie un art si merveilleux.

La ponte, qui suit la confection du nid, se compose d'un nombre d'œufs qui varie selon les espèces. A peine les petits sont éclos qu'ils reçoivent les soins les plus touchants de leur mère, qui veille avec sollicitude à leurs premiers pas hors du nid, et déploie une grande intelligence et un grand courage lorsqu'un danger les menace.

Les oiseaux ne le cèdent qu'aux mammifères sous le rapport de l'intelligence et de la faculté qu'ils ont de se laisser apprivoiser. Ils rendent des services à la société en détruisant les insectes destructeurs.

Les oiseaux ont la vie longue; les petites tième année. Les oiseaux de proie et les perroquets vivent jusqu'à cinquante ans.
espèces elles-mêmes peuvent atteindre la ving-

La classe des oiseaux est généralement divisée en six ordres, d'après les modifications du bec et des pattes, parce que la forme du bec indique le genre de nourriture et que celle des pattes indique le mode d'habitation.

Les six ordres sont :

1° les Rapaces,
2° les Passereaux,
3° les Grimpeurs,
4° les Gallinacés,
5° les Echassiers,
6° les Palmipèdes.

ORDRE DES RAPACES

Et aussi nommés Oiseaux de Proie

Les Rapaces ont pour caractère distinctif une cire ou membrane épaisse qui enveloppe la base du bec, et en outre la forme recourbée et très-aiguë du bec et des ongles pour déchirer la chair. Aussi tous ces oiseaux, comme l'indique leur nom, vivent-ils de chair vivante, et sont-ils doués d'une force musculaire proportionnellement plus considérable.

Les uns volent le jour et les autres la nuit ; d'où on les divise en deux familles, celle des *Rapaces diurnes*, qui ont les yeux dirigés sur les côtés, et celle des *Rapaces nocturnes*, qui ont de grands yeux dirigés en avant, entourés d'un cercle de plumes effilées dont les antérieures recouvrent la cire du bec et les postérieures l'ouverture de l'oreille, qui est ordinairement très-grande chez eux.

Presque tous ces oiseaux sont très-garnis de plumes, peuvent souffrir longtemps la faim, et vivent plus longtemps que les autres espèces d'oiseaux ; ils ne souffrent dans leur voisinage aucun autre oiseau de leur espèce ; c'est pour eux une nécessité de s'assurer la possibilité de chasser seuls dans un espace assez étendu pour qu'ils y trouvent leur nourriture.

Contre l'ordinaire, les femelles, dans les rapaces ou oiseaux de proie, sont plus belles, plus grosses que les mâles, et elles ont aussi plus de courage.

ORDRE DES PASSEREAUX

L'ordre des Passereaux a pour caractères quatre doigts, un derrière, trois devant ; les ongles courts et le bec droit. Ils vivent par couples, se nourrissent de grains, de fruits, et d'insectes.

L'ordre des Passereaux est tellement nombreux qu'on a dû le diviser en cinq familles, renfermant un très-grand nombre de genres. C'est dans cet ordre que se rangent les animaux chanteurs et la plupart des oiseaux de passage.

Les passereaux de la première famille sont les *Dentirostres*, ainsi nommés parce que leur bec est dentelé et échancré aux côtés de la pointe. Ils sont presque tous insectivores, quoique la plupart puissent aussi manger les petits fruits des arbustes.

Les *merles*, les *loriots*, les *fauvettes*, les *becs fins*, les *gobe-mouches*, les *roitelets*, les *rouge-*

gorges, etc., appartiennent à cette famille.

Les Passereaux de la seconde famille sont les *Fissirostres*, ainsi nommés parce que leur bec court, large, aplati horizontalement, légèrement crochu et sans échancrure près de la pointe, est fendu très-profondément : aussi ces oiseaux peuvent-ils engloutir aisément les insectes qu'ils poursuivent au vol et dont ils font exclusivement leur nourriture. Tous sont des oiseaux voyageurs par excellence.

Les uns sont diurnes, ce sont les hirondelles que nous voyons chaque année venir s'établir de nouveau dans des nids de terre maçonnés solidement, les uns aux fenêtres, les autres à l'extrémité des tuyaux de cheminée.

Les Fissirostres nocturnes sont les Engoulevents, nommés aussi Tête-chèvre et Crapaud-volant. L'espèce d'Europe est grande comme une grive, elle vole seulement pendant le crépuscule ou dans les belles nuits, poursuivant les insectes qui sont engloutis dans son vaste bec, encore plus fendu que celui des hirondelles. L'air qui s'engouffre dans ce large bec produit un certain bourdonnement qui leur a valu le nom d'Engoulevents.

Les Passereaux de la troisième famille sont les *Conirostres* (c'est-à-dire Passereaux à bec épais et conique). Ils sont plus spécialement granivores, quoique la plupart mangent aussi des insectes. Cette famille comprend les alouettes, mésanges, bruants, corbeaux, pies, geais, moineaux, étourneaux, etc. A cette famille appartiennent aussi beaucoup d'oiseaux exotiques ornés de brillantes couleurs; mais les plus beaux de tous, sont les oiseaux de Paradis, si connus par leurs magnifiques faisceaux de plumes jaunâtres.

Les Passereaux dont le bec est grêle, allongé, droit ou arqué, sans échancrure près de la pointe, tandis que le doigt extérieur est réuni avec le doigt médian par une ou deux phalanges seulement, forment une *quatrième* famille, celle des *Tenuirostres*. Elle comprend : les sitelles, qui se servent de leur bec droit, pointu et comprimé au bout pour entamer l'écorce et en retirer des larves d'insectes; les *grimpereaux*, les *huppes*; mais les plus célèbres des *Tenuirostres*, ce sont les colibris, dont le bec est arqué, et les oiseaux-mouches, qui ont le bec droit; les uns et les autres ne vivent que dans les régions les plus chaudes de l'Amérique. Parmi eux se trouvent les plus petits oiseaux, surpassant à peine la grosseur d'une abeille. La plupart rivalisent, par le brillant de leur plumage, avec l'or et les pierres précieuses dont on leur donne le nom pour les distinguer entre eux; ils voltigent sans cesse en bourdonnant, comme certains papillons, au-dessus des fleurs dont ils sucent le nectar avec leur langue très-extensible et divisée en deux filets.

La cinquième et dernière famille des Passereaux, celle des *syndactiles*, a pour caractère
distinctif la soudure jusqu'à l'avant-dernière
articulation du doigt externe et du doigt médian,
qui sont presque égaux. Cette famille comprend
les *martins-pêcheurs*, qui ont les pieds très-
courts, le bec long, droit, anguleux, pointu, la
langue et la queue très-courtes, et qui, vivant
toujours au bord des eaux, se nourrissent
exclusivement de petits poissons. Les autres oiseaux de ce genre, comme ceux qu'on nomme
martins-chasseurs, et qui vivent d'insectes, sont
tous exotiques, ainsi que les calaos, grands oiseaux d'Afrique et des Indes.

ORDRE DES GRIMPEURS

Le troisième ordre des oiseaux est celui des
Grimpeurs.

Ils ont les doigts dirigés deux en avant et
deux en arrière, disposition qui leur permet de
se mieux cramponner aux troncs et aux bran-
ches des arbres, sur lesquels ils grimpent dans
toutes les directions. Les uns se nourrissent
d'insectes, qu'ils prennent ordinairement dans
les fentes des écorces, les autres mangent des
fruits; la plupart nichent dans les trous des
arbres.

Cet ordre comprend un petit nombre de
genres très-différents entre eux, et n'ayant guère

d'autre rapport que cette disposition des doigts. Tels sont les coucous, les perroquets, les toucans, les pics, etc.

ORDRE DES GALLINACÉS

Les Gallinacés, qui composent le quatrième ordre des oiseaux, forment deux familles, dont la première et la principale comprend les oiseaux ayant des rapports plus directs avec le coq domestique, et qui, comme lui, ont les doigts réunis à leur base par une courte membrane et dentelés le long de leurs bords. Tels sont les *paons*, les *dindons*, les *pintades* et les *faisans*.

La deuxième famille comprend les nombreuses espèces de pigeons, qui ont les doigts dépourvus de membranes intermédiaires.

ORDRE DES ÉCHASSIERS

Les Échassiers forment le cinquième ordre des oiseaux, et, ainsi que leur nom l'indique, sont caractérisés par la hauteur de leurs jambes, sur lesquelles ils sont montés comme sur des échasses.

Leur taille est, en général, élancée. Leur queue est très-courte. Presque tous les oiseaux de cet ordre côtoient les marais, les rivières et la mer. Les uns se nourrissent d'herbes, les autres de reptiles aquatiques, de mollusques, de petits poissons, etc.

Cet ordre forme cinq familles :

1° Les Brévipennes, caractérisés par la briè-veté de leurs ailes, qui ne leur permet pas de voler : les autruches, les casoars ;

2° Les Pressirostres au bec comprimé, plus court que dans les autres échassiers : les ou-tardes, les pluviers, les vanneaux ;

3° Les Cultrirostres, ayant le bec en couteau, long, tranchant, pointu : grues, hérons, cigognes ;

4° Les Longirostres, au bec long et grêle : les bécasses, les ibis, les courlis ;

5° Les Macrodactyles, caractérisés par la longueur de leurs doigts : flamants, poules d'eau, etc., etc.

ORDRE DES PALMIPÈDES

Ordre d'oiseaux caractérisés par leurs doigts palmés, qui leur permettent de se mouvoir faci-lement sur l'eau, et dans lequel se rangent les oiseaux nageurs. Leurs pieds sont implantés en arrière du corps et sont très-robustes. Leur plu-mage serré et duveteux est rendu imperméable par une matière graisseuse, que secrètent les glandes particulières. Leur cou est généralement long et flexible. On divise l'ordre des Pal-mipèdes en quatre familles :

1° Les Plongeurs à ailes très-courtes, ne quittant pas la surface de l'eau : les manchots et les pingouins, etc., etc. ;

2° Les Longipennes, à ailes très-longues et que l'on trouve en pleine mer sous toutes les lattitudes : les pétrels, les mouettes, les albatros, etc., etc. ;

3° Les Totipalmes, ayant quatre doigts réunis par une seule membrane ; les seuls des palmipèdes qui perchent sur les arbres : les pélicans, cormorans, etc., etc. ;

4° Les Lamellirostres au bec large, épais, garni sur ses bords d'une rangée de lames en forme de dents, ayant les ailes de longueur médiocre, habitant généralement les eaux douces : les canards, les oies, les cygnes et les macreuses, etc., etc.

AIGLE

L'Aigle est de la grande famille des oiseaux de proie diurnes ; c'est un des plus puissants de ce genre d'oiseaux.

La figure de l'Aigle répond à son naturel. Il a le corps robuste et compact, les jambes et les ailes fortes, les os fermes, la chair dure, les plumes rudes, l'attitude fière et droite, les mouvements brusques et le vol très-rapide. C'est de tous les oiseaux celui qui s'élève le plus haut. Il a l'œil vif et perçant, mais il n'a que peu d'odorat.

Son nid, appelé *aire*, est tout plat et non pas creux comme celui des autres oiseaux ; il le place ordinairement entre deux rochers, dans un lieu sec et inaccessible.

Les Aiglons n'ont pas les couleurs du plumage aussi fortes que quand ils sont adultes; ils sont d'abord blancs, ensuite d'un jaune pâle et enfin deviennent d'un jaune assez vif.

L'Aigle, dans l'état naturel, ne chasse seul que dans le temps où sa femelle ne peut quitter ses œufs ou ses petits.

L'espèce d'Aigle la plus répandue en France, est l'Aigle commun; il habite le pays des montagnes, son plumage est brun ou noirâtre. L'espèce la plus connue est l'*Aigle royal*, qui habite les contrées montagneuses de l'Europe, de l'Asie, et dans l'Afrique et l'Amérique septentrionales.

L'Aigle royal occupe parmi les oiseaux le rang qu'occupe le lion parmi les quadrupèdes.

L'Aigle, chez les anciens, jouissait d'une grande vénération; sa présence au milieu d'un sacrifice était regardée comme un heureux présage.

Ses images guidèrent au combat les armées romaines, et récemment encore le génie de la gloire a promené son emblème dans toutes les capitales de l'Europe. L'*Aigle impérial* et l'*Aigle criard* se distinguent de l'*Aigle royal* par leur taille plus petite et les nuances de leur plumage.

D'autres espèces d'Aigles habitent le bord des fleuves et de la mer. On leur donne le nom d'Aigles pêcheurs ou *Pigargues*.

AUTRUCHE

L'Autruche est de la famille des Brévipennes, ordre des Échassiers; ses ailes sont courtes impropres au vol, terminées par un double éperon et garnies ainsi que sa queue de plumes à barbes longues, lâches et inflexibles. L'Autruche a le bec déprimé, large, la tête chauve et aplatie, calleuse en dessus. Ses pieds sont robustes; ses jambes, très-élevées, garnies de muscles puissants. On ne connaît que deux espèces d'Autruches : l'une d'Afrique répandue depuis l'Egypte et la Barbarie jusqu'au cap de Bonne-Espérance, et en Asie depuis l'Arabie jusque dans l'Inde, en deçà du Gange. L'Autruche est le plus grand de tous les oiseaux connus, elle atteint jusqu'à deux mètres et demi de hauteur et 50 kilogrammes de poids.

Son cou long et mince, couvert légèrement de duvet, supporte une petite tête munie de grands yeux à paupières mobiles, garnies de cils et d'oreilles, dont l'orifice est à découvert.

Le mâle a le plumage du corps noir, mêlé de blanc et de gris avec de grandes plumes blanches et noires aux ailes et à la queue. La femelle est brune. Les œufs d'Autruche sont blancs, longs de 15 à 18 centimètres, couverts de gros points enfoncés; ils passent pour un manger délicat.

L'Autruche les pond dans un trou dans le

sable; le soleil y darde ses rayons, dont la chaleur est plus que suffisante à l'incubation.

Les Autruches se réunissent en grandes troupes; elles ont l'ouïe fine et la vue perçante. Elles courent avec une telle rapidité, qu'un cheval lancé au galop ne peut les atteindre que lorsqu'elles sont fatiguées.

Les Arabes se livrent à la chasse de l'Autruche. Ils ne viennent à bout de l'abattre qu'à coups de bâton.

Les belles et longues plumes de la queue de l'Autruche sont très-recherchées; on en fait un grand commerce.

AUTOUR

Les Autours forment avec les Éperviers une petite famille dans l'ordre des oiseaux de proie.

Les Autours proprement dits ont le bec court, recourbé dès sa base, convexe en-dessus, à narines à peu près rondes, ainsi que les doigts longs.

Parmi les espèces de ce genre, une seule appartient à l'Europe; c'est l'Autour commun. Les autres espèces appartiennent à l'Amérique et à l'Australie.

L'Autour commun mâle est long d'un demi-mètre; son vol est bas, son cri rauque et fréquent. Il se nourrit plus ordinairement de levrauts, rats, taupes, poules ou pigeons.

ALOUETTE

Ce charmant oiseau est classé dans le nombre des Passereaux. Il commence à chanter dès les premiers jours du printemps, et continue ainsi pendant toute la belle saison.

L'Alouette est du petit nombre de ceux qui chantent en volant; plus elle s'élève, plus elle force la voix, et souvent elle la force à un tel point que, quoiqu'elle se soutienne au haut des airs et à perte de vue, on l'entend encore distinctement.

Elle chante rarement à terre; on peut la considérer parmi les oiseaux pulvérateurs. La femelle a l'habitude de placer son nid entre deux mottes de terre.

Les aliments les plus ordinaires des Alouettes sont les vers, les chenilles et les œufs de fourmis.

AVOCETTE

Genre d'oiseaux échassiers longirostres, reconnaissables à leur bec très-long, très-grêle, recourbé vers le haut. Leurs pieds sont palmés, leurs tarses grêles et élevés; leurs ailes sont assez étendues. Ces oiseaux fréquentent les marais, les rivières limoneuses et les côtes de la mer.

L'*Avocette d'Europe* est de la grosseur d'un

pigeon. Son plumage est varié de noir et de blanc; le bec, long de trois pouces et demi, est de couleur plombée. La femelle fait un nid creux en terre, qu'elle tapisse de quelques brins d'herbe. Ces oiseaux sont d'une défiance extrême; ils ne se laissent point approcher et ne se laissent prendre à aucun piége; aussi est-il très-difficile de se les procurer vivants. Cette espèce habite le nord de l'Europe; mais, en hiver, elle émigre dans le midi de la France et même en Italie; l'Amérique, l'Inde et l'Australie en possèdent chacune une espèce.

BALBUZARD

Ce genre d'oiseaux appartient à la famille des Faucons, caractérisés par un bec presque droit à sa base, les doigts dénués de membranes. Les Balbuzards sont des oiseaux éminemment pêcheurs.

Le Balbuzard a le manteau brun, et la tête plus ou moins variée de blanc. En Europe, on rencontre cet oiseau sur la lisière des forêts ou sur les rochers, près des eaux douces des lacs et des rivières.

Il est très-commun en Russie et en Allemagne, en Bourgogne et dans les Vosges. Cet oiseau atteint deux pieds de longueur; la femelle est un peu plus grande. Il fréquente le bord de la mer et s'attaque aux plus gros poissons.

BARBU

Ce genre d'oiseaux est classé dans l'ordre des Grimpeurs, dont le principal caractère réside dans un bec conique. Les Barbus habitent les contrées les plus chaudes des deux continents, dans les forêts solitaires et sombres. Leur démarche indolente leur donne un air stupide. Ils se nourrissent ordinairement de fruits et de baies, et attaquent quelquefois les petits oiseaux. On en distingue deux sortes, le *Barbu à gorge noire* et le *Barbu à plastron*.

BÉCASSINE

Genre d'oiseaux de l'ordre des Échassiers, de la famille des Longirostres. La *Bécassine* a le bec long, mais droit et très-grêle. C'est un oiseau stupide, comme l'indique sa tête comprimée. Elle ne fréquente point les bois, elle se tient dans les endroits marécageux des prairies.

En France, les Bécassines paraissent en automne ; elles font leur nid au pied d'un arbre ; elles partent d'un vol très-preste, et, après trois crochets, elles filent deux ou trois cents pas en pointe et en s'élevant à perte de vue ; elles sont très-difficiles à tirer.

BERGERONNETTE

La Bergeronnette a le bec droit, grêle, à narines basales, ovoïdes, à moitié fermées par une membrane ; la queue longue et égale.

Les Bergeronnettes ou Hochequeues arrivent en France au printemps, et émigrent à l'entrée de l'hiver. Ces oiseaux, aux formes élégantes, se font remarquer par la légèreté de leur vol et la prestesse avec laquelle ils poursuivent les moucherons, leur principale nourriture.

Les Bergeronnettes font entendre un cri assez perçant. La *Bergeronnette grise* ou Lavandière, habite nos contrées dans la belle saison et nous quitte à l'approche de l'hiver, époque à laquelle elle est remplacée par la Bergeronnette jaune.

BOUVREUIL

Genre de Passereaux de la famille des Moineaux, dont la poitrine et le cou sont revêtus d'un beau rouge tendre, et dont le dessus du plumage est cendré.

Ce joli petit oiseau passe la belle saison dans les bois, sur les montagnes ; il fait son nid dans les buissons. Il se nourrit en été de toutes sortes de graines, de toutes sortes de baies et d'insectes, et l'hiver de grains de genièvre. On l'entend, pendant cette saison, animer par son chant un peu triste le silence encore plus triste de la nature. Parmi les variétés de cet oiseau, on remarque le *Bouvreuil cramoisi* et le *Bouvreuil à longue queue*, qui habitent le nord de l'Europe.

BUSE

Classée dans le genre des oiseaux de proie ou Rapaces. Les Buses ont les ailes longues, dépassant les extrémités de la queue.

Ces oiseaux demeurent pendant toute l'année dans nos forêts; ils paraissent assez stupides; ils sont sédentaires et même paresseux. Les Buses se nourrissent de grenouilles, de lézards, de serpents, de sauterelles, lorsque le gibier leur manque; mais elles préfèrent les lapins et les levrauts. On en distingue de deux espèces, qui sont la *Buse commune* et la *Buse pattue*.

CAILLE

Ce genre d'oiseaux est de l'ordre des Gallinacés et de la famille des Perdrix, dont ils diffèrent non-seulement par les caractères zoologiques, mais par les mœurs. Les Cailles ont le bec court et recourbé, plus large que haut. Elles ont la queue courte, composée de quatorze pennes étagées, les ailes médiocres, la deuxième penne la plus longue.

La caille vole avec célérité, mais elle se lève difficilement; elle court plus vite qu'elle ne vole. Les mâles ont un caractère farouche et querelleur. Les cailles se nourrissent de toutes sortes de graines. Elles sont ordinairement très-grasses, et, de l'aveu de tous les gourmets, rien n'égale la délicatesse de leur chair.

CHARDONNERET

Cet oiseau est classé dans le genre des Passereaux et de la famille des Moineaux.

Douceur de la voix, beauté du plumage, finesse de l'instinct, ce charmant petit oiseau réunit tout; le rouge cramoisi, le noir velouté, le blanc, le jaune doré sont les principales couleurs qu'on voit briller sur son plumage et le mélange des teintes les plus douces. Les Chardonnerets ont beaucoup d'attachement pour leurs petits. Ils se nourrissent de chenilles et d'autres insectes. Cet oiseau a le vol bas, mais suivi; il file comme la linotte. On ne peut le réduire à l'état de domesticité que très-jeune. Il a un chant très-agréable.

Croisé avec le serin, le Chardonneret donne naissance à des métis connus sous le nom de *mulets,* à cause de leur stérilité, et qui n'empruntent au chardonneret que l'harmonie de son chant.

CANARD

Le Canard est classé dans l'ordre des Palmipèdes, famille des Lamellirostres. Les Canards se distinguent des cygnes et des oies par leur cou beaucoup moins long, leurs jambes plus courtes et placées en arrière.

On rencontre ces oiseaux dans toutes les parties du monde, où ils peuplent les rivages de la mer et les rivières. Ils nagent avec aisance, fendent les ondes très-habilement et plongent avec grâce. Ils volent aussi aisément qu'ils nagent. Leur plumage est beau. On peut regarder le *Canard sauvage* comme le type du genre ; le mâle a la tête et le cou d'un vert foncé ; un collier blanc au bas du cou, les parties supérieures rayées de zigzags très-fins d'un brun cendré ; la poitrine est marron foncé ; le miroir est d'un vert violet, bordé en dessus et en dessous d'une bande blanche ; son bec est d'un jaune verdâtre et ses pieds orangés.

La femelle est plus petite ; tout son plumage est d'un ton grisâtre varié de brun. Elle pond quatorze œufs, de couleur blanchâtre. Dès que les petits sont éclos, le père et la mère les conduisent à l'eau. Les Canards sauvages ont le vol très-élevé ; ils vivent en société et voyagent par troupes nombreuses.

C'est de cette espèce que sont sorties nos races domestiques. Ils rendent de grands services dans l'économie domestique. Les Canards ne demandent presque aucun soin, à peine a-t-on besoin de s'occuper d'eux ; ils savent trouver leur nourriture dans les ordures ; il leur suffit d'avoir un peu d'eau.

Parmi les différentes races de Canards, nous citerons :

Le *Canard musqué*, originaire de l'Amérique ; c'est une des plus grandes espèces ; il est d'un noir irisé, avec une large bande blanche ;

Le *Pilet*, du nord de l'Europe, à plumage cendré, finement rayé de noir ;

Le *Souchet*, à tête et cou verts, à poitrine blanche, à ventre roux ;

Le *Tadorne blanc*, à tête verte, avec une ceinture cannelée, le bec rouge ;

Le *Milloum*, à plumage cendré, est un gibier délicieux ; il nous arrive du Nord au mois d'octobre ;

Enfin, le *Canard à éventail de la Chine*, assez semblable au faisan doré, auquel il dispute la beauté, par ses vives couleurs et le brillant de son plumage.

CASOAR

Genre d'oiseau de l'ordre des Échassiers, de la famille des Brévipennes. Le trait le plus remarquable dans la figure de cet oiseau est cette espèce de casque conique, noir par devant, jaune dans tout le reste, qui s'élève sur le front, depuis la base du bec jusqu'au milieu du sommet de la tête. Cet oiseau habite la partie orientale de l'Asie méridionale, les îles Moluques, celles de Java et de Sumatra, et surtout dans les profondes forêts de l'île de Céram.

CHOUETTE

Cet oiseau de proie nocturne est désigné quelquefois sous le nom de Hulotte ou Chat-huant; il a le bec d'un blanc jaunâtre ou verdâtre; le dessus du corps couleur gris de fer foncé, marqué de taches noires et de taches blanchâtres, le dessous du corps blanc, croisé de bandes transversales et longitudinales.

La Chouette vole légèrement, sans faire de bruit et toujours de côté; elle se tient pendant l'été dans les bois, toujours dans les arbres creux; quelquefois elle s'approche en hiver de nos habitations.

Cet oiseau jouit, au plus haut degré, de la faculté de dilater sa pupille dans les ténèbres. La Chouette fuit la lumière, et ne quitte sa retraite qu'au crépuscule et au clair de la lune.

De tout temps la Chouette a passé pour un oiseau de mauvais augure, et on lui fait généralement une guerre acharnée; cependant rien ne justifie l'aversion que cet oiseau inspire.

On divise les Chouettes en deux sections: les *hiboux* et les *chouettes* proprement dites.

Le *hibou* commun ou *moyen-duc* a le plumage foncé, flammé de brun; ses mœurs sont celles des Chouettes.

Il se donne rarement la peine de faire son nid; il dépose ses œufs dans les nids de pie, de corbeau ou de canard.

CONDOR

Le Condor est de la tribu des oiseaux de proie diurnes; comme le vautour, il est remarquable par sa tête dépourvue de plumes et par la longueur de son cou. Il est particulier au nouveau monde. Vorace et lâche comme le vautour, il ne s'attaque qu'aux cadavres en putréfaction ou aux bestiaux.

Le collier du mâle est d'un blanc soyeux et éclatant; il a une excroissance charnue au-dessus du bec. On a exagéré la force et la grandeur du Condor; cependant il atteint jusqu'à trois pieds de longueur.

Il habite habituellement le pic de la Cordillière des Andes, et ne descend guère dans la plaine que pour y chercher sa proie.

COQ

Le Coq, classé dans l'ordre des Gallinacés, se distingue par sa crête rouge, par sa queue disposée en deux plans verticaux, se recourbant en un beau panache de plumes magnifiques; enfin, par le long éperon ou *ergot* dont il est armé aux pieds.

Les formes du Coq sont lourdes et massives; il vole rarement et avec effort, mais il marche d'un pas assuré et court avec vitesse. Sa démarche fière et grave annonce le courage et la force.

Un bon Coq est celui qui a du feu dans les yeux, de la fierté dans la démarche, et toutes les proportions qui annoncent la force. Les poules doivent lui être assorties, si l'on veut une race distinguée. Pour cela, on doit choisir celles qui ont l'œil éveillé, la crête flottante et rouge, et qui n'ont point d'éperons. Le Coq a beaucoup de soin et même d'inquiétude et de souci pour ses poules ; il ne les perd guère de vue.

Le chant du Coq, bien connu, et que nous représentons par les syllabes *co-co-ri-co*, est clair et perçant. Il le fait entendre indifféremment la nuit et le jour, mais non pas régulièment à certaines heures.

De l'antipathie invincible que la nature a établie entre un Coq et un autre Coq, certains peuples ont tiré parti pour se procurer un amusement barbare. Ils ont cultivé cette haine innée avec tant d'art, que les combats de deux oiseaux de basse-cour sont devenus des spectacles fort recherchés : on a vu des hommes de tous états accourir en foule à ces grotesques tournois, se diviser en deux partis, chacun de ces partis s'échauffer pour son combattant.

La force et le courage de cet oiseau, ont fait que les Gaulois le choisirent pour emblème.

Parmi les variétés les plus intéressantes, on cite le *Coq domestique*, dont la femelle diffère à plusieurs égards ;

Le *Coq huppé* ;

Le *Coq nègre*, noir dans toutes ses parties ;

Le *Coq de soie*, soyeux et blanc.

2.

On remarque aussi plusieurs variétés, qui sont :

Le *Coq de bruyère* (voyez Tetras) ;

Le *Coq d'Inde* (voyez Dindon) ;

Le *Coq de roche*.

CORBEAU

Ce genre d'oiseaux fait partie de la famille des Passereaux, et est dans l'ordre des Conirostres ; il se distingue par sa taille élevée et par un bec vigoureux, comprimé sur les côtés, et garni à la base de plumes roides dirigées en avant. La plupart sont omnivores ; ils sont surtout reconnaissables par leur plumage d'un noir métallique.

Ces oiseaux, répandus dans toutes les régions du globe, ont de tout temps fixé l'attention des hommes. Ils ont le vol élevé et facile. Leur démarche est grave et posée. Leur nourriture principale consiste en charogne, qu'ils éventent de très-loin.

Dans certains pays, on les regarde comme des bienfaiteurs occupés à purger les champs et les jardins des vers et des insectes ; dans d'autres, leur tête est mise à prix, parce que l'on redoute leurs bandes affamées. Ces oiseaux nichent de bonne heure ; ils placent leur nid au sommet des arbres les plus élevés.

Autrefois, ils étaient des présages funestes

pour nos paysans. Doués d'une grande intelligence, ils passent facilement à la domesticité,
et retiennent les mots qu'on leur a répétés.
Le genre du Corbeau se divise en trois sous-
genres : les *Corbeaux* proprement dits, les *Pies*
et les *Geais*. C'est à ce groupe qu'appartient
le Corbeau, dont la taille égale celle du coq.
Chacun sait combien il est rusé, et, par suite,
combien il est difficile de l'approcher.

CORMORAN

Genre d'oiseaux de l'ordre des Palmipèdes.
Il a le bec allongé, comprimé, le bout de la
mandibule supérieure crochue, les narines li-
néaires, l'ongle du doigt du milieu dentelé
en scie.

On trouve ces oiseaux répandus dans toutes
les parties du globe. La seule espèce que l'on
voit communément en France est le Cormoran
proprement dit, nommé aussi *corbeau-pêcheur*.

Plongeur habile autant que nageur excellent,
il poursuit au sein des eaux une proie qui rarement lui échappe.

La chair du Cormoran est d'un fort mauvais
goût; on s'en est servi autrefois en Europe pour
la pêche.

Les Chinois obtiennent encore aujourd'hui
une docilité extraordinaire de la part de ces
oiseaux. Perchés sur le bord de l'embarcation,

ils attendent le signal de leurs maîtres, et dès qu'il est donné, ils se lancent à l'eau et commencent leurs recherches.

CORNEILLE

Elle fait aussi partie des Passereaux et est classée dans l'ordre des Conirostres; elle est beaucoup plus petite que le Corbeau, et elle se rapproche beaucoup de lui par ses mœurs. On trouve ce genre d'oiseaux dans toutes les parties du Nord.

Elle se nourrit d'insectes et de graines, et place son nid sur les arbres de moyenne hauteur.

COUCOU

Genre d'oiseaux uniques chez les Grimpeurs, et se perchant simplement sur les arbres; ils ont le bec médiocre, assez fendu, légèrement arqué, la queue longue. Les Coucous sont des oiseaux voyageurs qui vivent d'insectes. Ils sont célèbres par une particularité singulière de leurs mœurs: non-seulement ils ne construisent pas euxmêmes de nids pour leurs petits, mais ils font couver leurs œufs par d'autres oiseaux. Ils les déposent un à un dans des nids étrangers, et ont l'instinct de choisir celui d'un oiseau ayant l'habitude de nourrir ses petits avec des aliments qui conviennent aux jeunes coucous;

c'est ordinairement dans les nids de la fauvette, du rouge-gorge, du rossignol, du merle ou de quelques autres petits oiseaux insectivores qu'ils les placent, et, chose remarquable, la couveuse qui s'y trouve devient pour ces intrus une mère tendre et infatigable, quoiqu'ils la privent de sa propre progéniture.

On distingue deux sortes de Coucous : le *Coucou commun*, de la taille du merle, d'un gris cendré, à ventre blanc, la queue tachetée de blanc sur les côtés. Les Coucous sont d'un caractère sauvage et hargneux; ils ne souffrent dans leur district aucun autre oiseau de leur espèce, excepté leur femelle.

Ils ne supportent pas la captivité, ils se laissent mourir de faim. L'Afrique australe produit le *Coucou indicateur*, ainsi nommé à cause de ses habitudes, fort curieuses.

Cet oiseau, très-friand du miel des abeilles, dès qu'il a découvert une ruche sauvage, appelle l'homme par ses cris, vole au-devant de lui et semble l'inviter à profiter de sa découverte. Les Hottentots ont pour cet oiseau une grande affection, et lui laissent toujours une bonne part du miel qu'il leur a fait découvrir.

CRESSERELLE

La Cresserelle, genre d'oiseaux de proie diurnes qui tire son nom de son cri aigu, est rousse en dessus, blanche en dessous, tachetée de noir; la tête et la queue sont d'un cendré bleuâtre chez le mâle.

Elle a les mêmes mœurs que le faucon.

L'*Émerillon*, variété du genre Cresserelle, le plus petit de nos oiseaux de proie, est cendré bleuâtre au-dessus, blanc en dessous, taché de roux chez le mâle. La femelle est brune en dessus.

CIGOGNE

La *Cigogne* est classée dans l'ordre des grands Échassiers et choisit nos habitations pour domicile; elle s'établit sur les tours, sur les cheminées et sur le comble des édifices. Amie de l'homme, elle en partage le séjour et même le domaine; elle pêche dans nos rivières, chasse dans nos jardins, se place au milieu des villes sans s'effrayer de leur tumulte, et partout, hôte respecté et bienvenu, elle paye par des services le tribut qu'elle doit à la société.

La Cigogne a le vol puissant et soutenu comme tous les oiseaux qui ont les ailes très-longues et la queue courte; elle porte en volant la tête roide en avant, et les pattes étendues en arrière comme pour lui servir de gouvernail. Les Cigognes voyagent par troupes.

Dans l'attitude du repos la Cigogne se tient

sur un seul pied et elle conserve cette position pendant des heures entières. On remarque en France la *Cigogne blanche*.

Parmi les espèce étrangères, la *Cigogne noire*, la *Cigogne violette*, qui vit dans l'Inde, et le *Marabout du Bengale*, qui fournit ces belles plumes légères qui servent de parure aux femmes et qui portent le nom de l'oiseau qui les produit.

COLOMBE (Voyez *Pigeon*)

CYGNE

Ce bel oiseau appartient à l'ordre des Palmipèdes et à la famille des Lamellirostres.

L'éclatante blancheur de son plumage, l'élégance de ses formes, sa grâce à nager, le font rechercher pour l'ornement de nos bassins. Les grâces de sa figure, la beauté de sa forme, répondent dans le Cygne à la douceur du naturel; il plaît à tous les yeux, il décore et embellit tous les lieux qu'il fréquente; on l'applaudit, on l'admire, nulle espèce ne le mérite mieux; il est d'une blancheur éclatante, il a des formes arrondies et de gracieux contours.

Son plumage, gris dans le premier âge, devient d'un blanc pur; il est noir dans le cygne sauvage, qui se distingue par sa tête légèrement teinte de jaune.

Le *Cygne commun* est originaire des grands

lacs de l'intérieur de l'Europe; c'est celui que nous élevons en domesticité.

Le *Cygne sauvage* vient des régions septentrionales des deux hémisphères.

Le *Cygne noir* doit son nom à la couleur de son plumage.

Le *Cygne à cou noir*, du Chili, a la tête et le cou noirs avec le reste du plumage blanc.

Le Cygne est un oiseau méchant, brutal, très-irascible. Le cri du Cygne, peu harmonieux, ressemble à celui du Paon.

En Amérique, on trouve une espèce de Cygne appelé *Cygne trompette*, à cause de son cri, qui ressemble à la note élevée du clairon.

Les Cygnes se nourrissent d'herbes, d'insectes et même de grenouilles.

Les Cygnes sont des oiseaux migrateurs; ils voyagent en troupes nombreuses, serrées en forme de coin.

DINDON

Cet oiseau est de l'ordre des Gallinacés, et originaire des Indes occidentales. Il est remarquable par sa grande taille, par son plumage d'un brun noir à reflets bronzés. Sa tête et son cou sont garnis d'une peau nue et mamelonnée; un appendice charnu lui pend du front sur le bec, qu'il recouvre. Les dindons ont la taille massive; leur démarche lente, leurs mouvements gauches et souvent grotesques, joints à leur cri désagréable, leur ont valu dans nos contrées une réputation de stupidité assez méritée. Chaque ponte est de douze à quinze œufs, que le mâle brise si l'on ne prend la précaution de l'en éloigner. Quoique paisible et même craintif, le Dindon est néanmoins susceptible d'affections vives qui se traduisent par des changements remarquables dans son habitude extérieure.

GRAND-DUC

Cet oiseau a beaucoup d'analogie avec la chouette; il a, comme elle, le bec court, noir et crochu, les yeux fixes et transparents; son cou est très-court, et son plumage d'un brun roux, tacheté de noir et de jaune, et enfin son cri effrayant, *houhou, houhou, houhou, houhou,* qu'il fait retentir dans le silence de la nuit. D'après les anciens, son cri était le signal d'un décès ou d'un malheur.

EFFRAIE (Voyez *Chouette*)

ENGOULEVENT

Ce genre d'oiseaux est classé parmi ceux de nuit, parce qu'ils ne prennent leur essor que pendant le crépuscule, poursuivant les phalènes et autres insectes nocturnes. Ils ont le même plumage léger, mou, et nuancé de gris et de brun, qui caractérise les oiseaux de proie.

Ils appartiennent à l'ordre des Passereaux fissirostres. On les nomme ordinairement *Crapauds-volants*. Leur bec garni de fortes moustaches, court, peut engloutir les plus gros insectes, qu'ils retiennent au moyen d'une salive gluante. Ils fréquentent les parcs des chèvres et des moutons pour s'emparer des insectes qui y sont attirés en grand nombre.

ÉPERVIER

Ce genre d'oiseaux est regardé, par la plupart des naturalistes, comme constituant une espèce dans le genre Faucon. Il a les parties supérieures d'un cendré bleuâtre, et les parties inférieures blanches avec des raies bleuâtres sous la gorge; son bec est noirâtre; ses pieds et ses yeux, jaunes. Cet oiseau habite les champs; il se nourrit de reptiles, de petits mammifères, et surtout de petits oiseaux, dont il fait une destruction prodigieuse.

L'Épervier commun est vulgairement appelé Émouchet. Il saisit sa proie en rasant la terre. L'Épervier a l'habitude de faire une terrible guerre aux pigeons.

L'Epervier fait son nid sur les arbres les plus élevés.

ÉTOURNEAU

Cet oiseau est dans l'ordre des Passereaux et fait partie de la famille des Conirostres ; il a un bec conique, droit, déprimé, sans échancrure ; des ailes longues et pointues. Les Étourneaux sont turbulents, bavards et querelleurs. Ces oiseaux sont pris quelquefois, dans le langage familier, comme l'emblème de la légèreté et de l'inconséquence. Leur nourriture se compose de graines et d'insectes qu'ils vont quelquefois chercher sur le dos du bétail.

FLAMANT

Ce genre d'oiseaux est classé dans l'ordre des Échassiers. Sa hauteur est excessive ; il a les trois doigts de devant palmés jusqu'au bout, celui de derrière extrêmement court ; le cou est non moins grêle ni moins long que ses jambes ; sa langue est charnue et très-épaisse. Le Flamant vit de coquillages, d'insectes, d'œufs de poissons, qu'il pêche au moyen de son long cou. Sa démarche à terre est lourde et embarrassée, mais son vol est puissant. Ces oiseaux se reposent sur une patte comme les cigognes, en retirant l'autre sous leur corps et en se cachant la tête sous une aile. Ils vivent par petites troupes ; ils sont d'un naturel très-défiant, et placent toujours des sentinelles, qui, à la moindre alarme, poussent un cri sonore, au bruit duquel toute la bande prend son essor.

Cette espèce d'oiseaux est répandue dans toutes les parties chaudes et tempérées de l'ancien continent. Leur chair est mauvaise et huileuse ; leur peau, garnie d'un bon duvet, peut servir aux mêmes usages que celle du cygne.

On les distingue sous deux espèces : le *Flamant d'Europe* et le *Flamant pygmée*. Ils habitent le cap de Bonne-Espérance et le Sénégal.

FAUCON

Genre d'oiseaux de proie diurne de la grosseur d'une poule.

Le Faucon se distingue par son bec courbé dès sa base, garni d'une dent aiguë de chaque côté de sa pointe.

Cet oiseau est doué d'une grande vigueur; son courage est très-grand ; il s'attaque souvent à des animaux plus forts que lui. C'est en planant dans les hautes régions de l'air qu'il cherche sa proie. Dès que ses yeux perçants l'ont découverte, il fond dessus avec la rapidité d'une flèche ; mais c'est toujours avec ses serres qu'il saisit sa victime. Il préfère plus particulièrement le gibier à plume, tel que le héron, le faisan, la perdrix, etc., etc.

Autrefois, on les dressait à la chasse, ce qui les faisait distinguer sous le nom d'*oiseaux de proie nobles*.

Le mâle, moins gros d'un tiers que la femelle, se nomme *tiercelet*, à cause de cette particularité.

On remarque les Faucons dits *Pèlerins;* cette espèce habite les parties montueuses de l'Europe. C'est elle qui a donné son nom à la *fauconnerie*, ou art d'élever des faucons pour la chasse.

FAUVETTE

Ce genre d'oiseaux est classé parmi le nombre des Passereaux. Ces jolis animaux arrivent au moment où les arbres développent leurs feuilles et commencent à laisser épanouir leurs fleurs; ils se dispersent dans toute l'étendue de nos campagnes. Les uns habitent les jardins, les autres les avenues et les bosquets. Partout où ils se transportent, ils animent tous les lieux par leur présence et par les mouvements et les accents de leur tendre gaieté. Leur retour, au printemps, est le premier signal du réveil de la nature.

Parmi les espèces de Fauvettes, nous citerons :

La *Fauvette des jardins*, d'un brun cendré dessus, blanchâtre au-dessous; la *Fauvette à tête noire*, dont le dessus de la tête est noir chez le mâle et brun-marron chez la femelle; enfin, la *Fauvette traîne-buissons*, la seule qui nous reste en hiver. La *Fauvette des roseaux*, d'un gris olivâtre au-dessus, est d'un jaune pâle dessous. Dans le midi de la France, les Fauvettes sont communes, deviennent très-grosses, et sont fort recherchées sous le nom de Becfigues.

GANGA ou TETRAS

Ce genre d'oiseaux est classé dans l'ordre des Gallinacés, caractérisés par un bec court, robuste, épais, à mandibule supérieure voûtée, plus longue que l'inférieure ; les narines à demi closes par une membrane renflée que cachent les plumes avancées du front ; les sourcils garnis de papilles rouges ; les pieds robustes, emplumés jusqu'aux doigts, et souvent même jusqu'aux ongles ; quatre doigts, trois en avant, réunis jusqu'à la première articulation. C'est à ce genre qu'appartient le coq de bruyère ; cet oiseau est de la taille du paon, mais il est plus grand dans toutes ses parties. Le Tetras relève les plumes de sa tête en aigrette, et fait la roue avec sa queue, comme le paon et le dindon. On trouve les Tetras dans les forêts de pins et de sapins qui couvrent nos plus hautes montagnes ou les plaines des pays du nord. Ils se nourrissent de fruits et de jeunes pousses des sommités de ces arbres, ainsi que des baies de différentes plantes, de graines, de vers, d'insectes, etc., etc.

Cachés pendant le jour, ils ne se montrent

guère que le matin et le soir, au crépuscule et à l'aurore, pour aller chercher leur pâture.

GEAI

Le Geai forme parmi les corbeaux un sous-genre spécialement caractérisé par un bec noirâtre. Cet oiseau a assez d'analogie avec la pie, dont il diffère par sa queue, qui est arrondie et courte. Le Geai est colère, criard; il vit par couple dans la belle saison, en famille durant l'hiver.

L'espèce la plus commune est le *Geai d'Europe*; sa robe est d'un roux lie de vin; ses plumes forment comme une tache d'un beau bleu d'azur à la partie antérieure de l'aile.

Il est de la grosseur d'une perdrix. Le Geai aime ses petits d'une tendresse très-vive. Son cri est rauque, désagréable. Cet oiseau s'apprivoise facilement et imite avec facilité la voix humaine.

Le Geai a été aussi observé en Afrique et en Asie.

On cite surtout: le *Geai bleu*, de l'Amérique du Nord; le *Geai noir à collier blanc*, le *Geai orangé*, le *Geai blanc*.

GOELAND

Cet oiseau est pour ainsi dire le vautour de la mer; il est classé parmi les oiseaux palmipèdes de la famille des Longipèdes. Sa taille dépasse celle du canard. C'est ordinairement sur le bord des mers polaires que l'on rencontre ce genre d'oiseaux par troupes innombrables. Quand les Goëlands s'avancent dans l'intérieur des terres, c'est un signe infaillible de tempête.

Parmi les Goëlands, nous citerons deux espèces qui se rencontrent sur les côtes de l'Océan et de la Méditerranée : le *Goëland à manteau bleu* et le *Goëland à manteau noir*.

GRIFFON

Nom vulgaire du Gypaète ou Vautour barbu. (Voyez *Vautour*.)

GRUE

Cet oiseau est classé dans l'ordre des Échassiers, famille des Cultrirostres; il est remarquable par la longueur du cou et du bec.

La plupart des oiseaux de cette espèce ont la tête et une partie du cou dépourvues de plumes.

Ces oiseaux ont un grand instinct de conservation; lorsque l'un d'eux est sur le nid, l'autre veille à la sûreté commune en se promenant à peu de distance.

L'une des particularités les plus singulières des habitudes des Grues, sont les jeux auxquels elles se livrent entre elles.

Parmi les espèces étrangères, on remarque

la *Grue de Numidie* au cou noir, et enfin la *Grue couronnée*, originaire d'Afrique, qui a la tête surmontée d'une aigrette dorée en forme de couronne.

De tous les oiseaux voyageurs, ce sont les Grues qui entreprennent et exécutent les courses les plus lointaines et les plus hardies. Elles sont originaires du Nord.

HÉRON

Ce genre d'oiseaux est classé dans l'ordre des Échassiers, ils font partie de la famille des Cultrirostres. Ils se distinguent par la longueur de leur cou. On les voit souvent soutenus sur leurs longues jambes comme sur des échasses.

Les Hérons sont des oiseaux tristes et farouches, qui vivent solitaires pendant le jour au bord des rivières ou des lacs. Ils passent des heures entières le cou replié sur leur poitrine et la tête entre les épaules, dans une immobilité apathique qui ressemble à de la stupidité ; ils n'en sortent que pour saisir leur proie, sur laquelle ils lancent avec rapidité leur long bec pointu.

C'est au sommet des arbres les plus élevés que le Héron construit son nid.

Ces oiseaux ont l'habitude d'émigrer en grandes troupes à l'automne et gagnent les régions méridionales. Lorsqu'ils s'élèvent dans les airs, ils poussent des cris secs et aigus. Autrefois la chasse de cet oiseau était réservée aux princes, à cause de la délicatesse de sa chair.

On en distingue trois sortes : le *Héron commun* ou *huppé*, le *Héron aigrette* et le *Héron pourpré*.

HIRONDELLE

Cet oiseau appartient à l'ordre des Passereaux et forme, dans la famille des *Fissirostres*, un genre que caractérisent surtout la longueur des ailes, des pieds courts, et une queue fourchue composée de douze pennes, un bec court, déprimé, triangulaire, fendu jusqu'aux yeux. Il n'est personne qui n'ait admiré l'Hirondelle à cause de son vol rapide ; elle disparaît instantanément en rasant la surface des campagnes, et se perd dans les plus hautes régions de l'air, au sein duquel se passe, en quelque sorte, toute son existence. On la voit rarement dans des endroits qu'elle habita naguère, reprendre le nid qui servit déjà à sa couvée. On ne peut nier la manière délicate avec laquelle elles construisent leur nid. Un écrivain rapporte le fait suivant : « Une Hirondelle s'était, je ne sais comment, pris la patte dans le nœud coulant d'une ficelle dont l'autre bout tenait à la gouttière d'une maison. Ses forces étaient épuisées, elle criait et pendait au bout de la ficelle. Toutes les Hirondelles des environs accoururent bientôt, poussant le cri d'alarme, et elles vinrent chacune à leur tour, comme à une course de bague, donner en passant un coup de bec à la ficelle. Ces coups, dirigés sur le même point, se succédaient de seconde en seconde, et une demi-heure de ce travail suffit pour couper la ficelle et mettre la captive en liberté. » On a prouvé plusieurs fois qu'une Hirondelle de mer ou de terre pouvait faire vingt-cinq lieues dans une journée. Elles rendent d'éminents services à l'agriculture, en pour-suivant un nombre immense d'insectes destruc-teurs de nos céréales.

HOBEREAU (Voyez *Faucon*)

IBIS

Genre d'oiseaux Echassiers de la famille des Courlis, qui se distinguent par un bec grêle et arqué, presque carré à sa base. Les Ibis sont des oiseaux de mœurs douces et paisibles, à dé-marche lente et grave. Ils habitent les terrains bas et marécageux, où ils fouillent la vase pour y découvrir les vers et les petits mollusques dont ils se nourrissent.

On connaît différentes espèces d'Ibis répan-dues dans les deux mondes. L'une d'elles, l'*Ibis sacré*, était, comme on sait, pour l'antique Égypte un objet de vénération et de culte reli-gieux; quiconque aurait osé le tuer était immédiatement condamné à mort; c'est ce qui procurait à cet oiseau sa libre circulation dans les villes. Les Égyptiens supposaient à l'*Ibis sacré* la puissance de repousser les serpents qui menaçaient les frontières de la patrie.

JEAN LE BLANC (Voyez *Balbuzard*)

LORIOT

Genre d'oiseaux passereaux, offrant à peu près les caractères et les formes du merle. Les Loriots sont des oiseaux voyageurs, qui arrivent dans nos climats vers le mois de mai. Ils passent l'hiver en Afrique et dans l'Archipel. Ils vivent en famille.

Le plumage du Loriot est d'un beau jaune brillant. Cet oiseau est défiant et farouche; il ne vit pas en captivité.

Le *Loriot d'Europe* ou *Merle d'or*, est le seul de passage en Europe. Il existe dans l'Inde plusieurs espèces de Loriots : le *Loriot de Chine*, le *Loriot à tête noire* du Bengale, le *Loriot bicolore* du cap de Bonne-Espérance.

MACREUSE

Ce genre d'oiseaux est classé dans la famille des Canards, se distinguant des Canards proprement dits par un bec plus large et plus renflé.

Ces oiseaux se distinguent en outre par leur plumage, uniformément coloré d'une teinte sombre. Leur vol est peu élevé et faible, mais en revanche ils nagent et plongent parfaitement.

Ils ne quittent jamais la mer et ses rivages, ils ont d'ailleurs les mœurs générales des Canards. Une croyance bien singulière fut longtemps accréditée sur l'origine de la Macreuse : on prétendait que cet oiseau s'engendrait du bois pourri, plaisante fable que réfuta la nature une fois mieux examinée.

Les Macreuses pondent, nichent et naissent comme les autres oiseaux.

MARTIN-PÊCHEUR

Le Martin-pêcheur est classé dans l'ordre des Passereaux. Il a le corps ramassé, court, terminé par des pieds situés très en arrière. Triste, sauvage, défiant, le Martin-pêcheur vit solitaire.

De tous nos oiseaux de France, il n'en est aucun qu'on puisse lui comparer pour la netteté, la richesse et l'éclat des couleurs ; elles sont de la nuance de l'arc-en-ciel ; tout le milieu du dos, avec le dessus de la queue, est d'un bleu clair et brillant qui, aux rayons du soleil, a le jeu du saphir et l'œil de la turquoise.

Cet oiseau fréquente le bord des rivières et

des ruisseaux. Sa nourriture consiste en petits poissons. Son vol est rapide et filé; il rase la surface de l'eau; il crie en volant : sa voix est perçante.

Il est très-sauvage et part de loin; il se tient sur une branche ou sur une pierre et même sur le gravier : de là il 'épie le passage du poisson et fond avec la rapidité de la foudre sur sa proie, en se laissant tomber dans l'eau.

On connaît plusieurs espèces de MARTINS-PÊCHEURS : — *Le Martin-pêcheur* d'Europe, un peu plus gros qu'un moineau, d'un roux marron en dessous, avec les joues rousses et la gorge blanche. *Le Martin-pêcheur* du CAP. *Le Martin-pêcheur* pourpre du SÉNÉGAL. *Le Martin-pêcheur, pie d'Afrique. Le Martin-pêcheur trapu.*

MILAN ROYAL

Le Milan est classé dans le genre de l'ordre des oiseaux de proie diurnes, de la tribu des Falconidés, caractérisés par un bec peu robuste, des doigts et des ongles faibles, des ailes très-longues atteignant l'extrémité de la queue, qui est elle-même très-allongée et fourchue. Si la puissance de leur bec et de leurs serres correspondait à celle de leur vol, nulle proie ne pourrait se soustraire à leur poursuite. Mais il n'en est pas ainsi, et la faiblesse des armes du Milan lui permet à peine de résister même à l'épervier. C'est la seule raison de cette réputation de lâcheté dont on l'a gratifié, peut-être un peu légèrement.

Le Milan royal fut ainsi nommé parce qu'il servait aux plaisirs des princes, qui le faisaient chasser par l'épervier. Il est répandu en Europe, en Asie et en Barbarie. Il est commun en France et en Angleterre.

Les mulots, les taupes, les rats, les reptiles et les gros insectes sont sa nourriture ordinaire ; mais il est quelquefois réduit à dévorer les poissons morts flottant sur les eaux.

Il s'approche aussi des lieux habités pour prendre les jeunes poulets.

MOUETTE

Genre d'oiseaux palmipèdes, de la famille des Longipennes, se distinguant par leur bec allongé, pointu, arqué vers le bout ; ils ont les narines médianes et longitudinales ; leur pouce court et libre ; ils ne se nourrissent que de poissons vivants et morts, et de toutes les matières animales qu'ils rencontrent. Ils sont très-criards, et c'est de leur voix que leur vient le nom vulgaire de miauleurs. Ils sont aussi lâches que voraces. La chair des Mouettes est dure et coriace, d'un goût et d'une odeur désagréables ; cependant les Groënlandais les mangent, et nos marins ont été plus d'une fois obligés de s'en contenter. C'est surtout sur le rivage des mers polaires que l'on rencontre ces oiseaux par bandes innombrables.

OIE — OIE SAUVAGE

Genre de Palmipèdes de la tribu des Canards, dont il se distingue par la forme du bec plus court que la tête, plus étroit en avant qu'en arrière, et plus haut que large à sa base.

Les Oies sauvages sont peut-être de tous les oiseaux les plus défiants et les plus farouches. Elles arrivent en France dès la fin d'octobre ou les premiers jours de novembre. Le vol des Oies sauvages est très-élevé. Elles volent par bandes de quarante ou cinquante, et se rangent sur deux lignes obliques formant un angle semblable à un V.

Les Oies sauvages sont très-vagabondes.

L'Oie de nos basses-cours n'est autre que l'espèce sauvage réduite à l'état de domesticité. Les Oies doivent à leur pesante et disgracieuse allure la réputation de stupidité qu'elles ne méritent pas. On en a vu, à l'état de domesticité, donner des preuves d'instinct remarquables. Les anciens avaient pour ces oiseaux beaucoup plus de considération que les modernes; les Romains leur portaient même une grande vénération, par suite du service qu'elles leur avaient rendu.

Tout le monde sait, en effet, que ce furent des Oies que l'on nourrissait au Capitole, qui, par leurs cris, avertirent les Romains de l'assaut nocturne que tentaient les Gaulois.

Les Égyptiens les comptaient au nombre des animaux sacrés; on les voit figurer dans leurs hiéroglyphes.

La chair de cet oiseau est excellente et est estimée comme aliment; ses plumes sont, comme on le sait, très-employées pour l'écriture.

OISEAU DE PARADIS

Ce charmant oiseau, classé dans l'ordre des Passereaux, est originaire de la Nouvelle-Guinée et des îles voisines. Son bec est fort et comprimé. Les Paradisiers qui nous parvinrent les premiers étant privés de pieds, on imagina à ce sujet les fables les plus absurdes. « Ces oiseaux, disait-on, restaient constamment en l'air et vivaient de rosée. »

En mourant, ils prenaient leur essor vers les cieux. Ces contes ne prirent fin que lorsque des voyageurs rapportèrent des individus entiers, et apprirent que les naturels avaient la coutume d'arracher les jambes de ces oiseaux pour se faire des panaches de leurs plumes.

On connaît peu les habitudes des Paradisiers; ils perchent par bandes sur les arbres les plus élevés et se nourrissent de fruits et d'insectes.

L'espèce la plus anciennement célèbre est le *Paradisier émeraude*, ou *Oiseau de Paradis*. Grand comme une grive, marron, avec le dessus de la tête jaune, le tour de la gorge vert émeraude.

C'est le mâle de cette espèce qui porte les belles plumes dont les dames ornent leur coiffure.

Le *Paradisier rouge* se distingue du précédent par ses panaches d'un brun rouge et par les deux filets de sa queue.

Le *Manucode*, grand comme un moineau, est de couleur marron velouté.

Le *Magnifique*, marron dessus, vert dessous; et enfin, le *Sifilet*, grand comme un merle, avec le plumage noir velouté, et un plastron vert doré sur la gorge.

OISEAU-MOUCHE

Ces oiseaux sont dans l'ordre des Passereaux, et font partie de la famille des Tenuirostres; ils ont le bec presque aussi long que la tête; leurs ailes sont longues. La nature a étalé dans la parure de ces oiseaux tout le luxe dont elle peut disposer. Les reflets de leur plumage surpassent en éclat l'étincelle qui s'échappe du diamant. Chaque plume, chaque barbule est un prisme qui décompose les rayons lumineux. Ils sont courageux et audacieux; ils se livrent

entre eux de grands combats ; mais c'est surtout lorsqu'il s'agit de défendre leur couvée
qu'éclate leur héroïsme.

PAON

Cet oiseau, de l'ordre des Gallinacés, serait
sans contredit le roi des oiseaux, si l'empire
appartenait à la beauté et non à la force. Il
n'en existe pas sur qui la nature ait versé ses
trésors avec plus de profusion. Il est remarquable par l'aigrette qui arme sa tête, son bec
robuste, et surtout par sa queue, recouverte
de plumes. Sa taille est grande, et sa démarche
majestueuse ; il a la figure noble, les proportions du corps élégantes ; tout chez lui annonce
un être de distinction. Le Paon occupe le premier rang parmi les oiseaux, par l'incomparable
éclat de sa robe, où se mêle le velouté des
plus belles fleurs au feu des pierreries les plus
éclatantes.

On a pu admirer la magnifique espèce que
nous élevons pour l'ornement de nos ménage-
ries et de nos parcs, les belles teintes azurées
qui ornent son cou, ainsi que les grandes plumes de sa queue éblouissante.

Le Créateur a réuni sur le plumage du Paon
toutes les couleurs du ciel et de la terre pour
en faire un chef-d'œuvre de magnificence. Il
les a encore mêlées, assorties, nuancées, fon-

dues de son inimitable pinceau, en a fait un tableau unique. Tel paraît à nos yeux le plumage du Paon, lorsqu'il se promène paisible et seul dans un beau jour de printemps.

PÉLICAN

Genre d'oiseaux palmipèdes, de la famille des Pêcheurs, faciles à distinguer au vaste sac qui pend sous la mandibule inférieure. Cette poche, très-dilatable, est un réservoir dont ces oiseaux se servent pour faire provision des poissons qu'ils pêchent en nageant. Le Pélican a longtemps passé pour l'emblème de la tendresse maternelle : il nourrissait, disait-on, ses petits de son propre sang, à défaut d'autres aliments, se déchirant la poitrine avec son bec pour en faire jaillir ce fluide. Son vol facile lui permet des voyages de long cours. Sa chair est mauvaise. On emploie la peau de son sac à différents usages. Quelques peuplades sauvages s'en font des bonnets ; les matelots, des blagues à tabac. Il habite les Antilles.

PERDRIX

Les Perdrix forment dans l'ordre des Gallinacés une famille, qui se distingue par un espace nu qui occupe le dessus de l'œil en forme de sourcil.

Les Perdrix vivent par petites familles dans

les champs, les bruyères, et abandonnent rarement le canton où elles sont nées. Elles ont un vol saccadé, peu soutenu et peu élevé; elles préfèrent la course au vol.

Les Perdrix sont d'un naturel timide et fort doux, le moindre bruit les effraye; elles possèdent au plus haut degré l'instinct de la sociabilité. Les jeunes perdreaux suivent leur mère dès leur naissance, mais ils ne peuvent encore voler. Les chasseurs connaissent les ruses que les perdrix emploient pour détourner leurs petits du danger qui les menace. Le danger est-il imminent, aussitôt le cri d'alarme est poussé par la mère, et à ce signal les perdreaux se dispersent et disparaissent comme par enchantement. Le mâle se présente au-devant du chien, traînant de l'aile, contrefaisant le boiteux, ne fuyant que tout juste pour ne pas être pris. Peu de temps après que le mâle s'est levé, la femelle s'envole dans une autre direction, s'abat assez loin, et rassemble ses petits par un cri particulier. Les Perdrix se nourrissent d'insectes, de graines et surtout de blé.

L'Europe possède quatre espèces de Perdrix qui toutes se rencontrent en France : la *Perdrix grise*, qui a le plumage fauve et le bec couleur grisâtre; cette espèce très-répandue habite les pays plats. La *Perdrix rouge*, dont les pieds, le bec, le tour des yeux sont rouges, et qui est un peu plus grosse que la précédente. La *Perdrix grecque* ou *Bartavelle* du midi de l'Europe surpasse la précédente en grosseur; elle a les joues et la gorge d'un blanc pur. La *Perdrix de passage ou de Damas*, qui ne diffère de la Perdrix grise que par la petitesse de sa taille. Enfin les *Colins*, qui se trouvent aussi en Amérique. Ils ont le bec court, plus gros et plus bombé, et la tête entièrement garnie de plumes.

PERROQUET dit KAKATOES

Ce nom désigne une famille de l'ordre des Grimpeurs, comprenant les espèces qui offrent pour caractères particuliers : un bec gros, dur, arrondi, courbé dès la base, des pattes robustes armées d'ongles forts et crochus qui lui permettent de s'accrocher de branche en branche en se servant de leur bec.

Les Perroquets ont en général un port lourd; leur tête volumineuse, portée sur un cou très-court et épais, et leur corps robuste, leur donnent une apparence peu svelte. Leur plumage est en général brillant. Les perroquets sont, comme tout le monde sait, susceptibles d'éducation, surtout lorsqu'on les a pris jeunes. Ils sont, du reste, méchants, bavards et curieux.

PIC-ÉPÈCHE

Genre d'oiseaux grimpeurs, de la famille des Pics-verts. Cet animal n'est pas plus grand qu'un moineau ; il est varié de noir et de blanc en dessus, d'un blanc grisâtre en dessous, avec du rouge sur la tête du mâle.

Son cri est aigu, dur comme *pleu pleu ;* il se fait entendre d'autres fois par le cri *tio tio tio*. Il est d'un naturel craintif et rusé et **vit** solitaire dans les forêts.

PIC-VERT

C'est un genre d'oiseaux grimpeurs, faciles à reconnaître à leur bec long, droit, anguleux, terminé en coin ; à leur langue extensible et grêle, garnie vers son extrémité d'épines dirigées en arrière ; à leur queue, composée de dix grandes plumes roides, dont ils se servent comme d'arc-boutant quand ils grimpent le long des arbres. Il semble que la nature ait condamné le Pic-vert au travail et pour ainsi dire à la galère perpétuelle ; tandis que les autres oiseaux ont pour moyen la course, le vol, l'embuscade, l'attaque et l'exercice libre, il est assujetti à une tâche pénible : il ne peut trouver sa nourriture qu'en perçant l'écorce des arbres ou dans les crevasses, dans lesquelles il introduit sa langue imbibée d'une salive gluante. Il est d'un naturel craintif et rusé. Cet oiseau vit solitaire dans les forêts, et se retire la nuit dans les trous d'arbre.

PIE

Cet oiseau est placé dans l'ordre des Passereaux et fait partie de la famille des Corbeaux. Il est bien connu de tout le monde : d'un noir soyeux, à reflets pourpres, bleus et dorés, avec le ventre blanc et une grande tache de même couleur sur l'aile. La Pie est très-commune dans les climats tempérés de l'Europe. Elle se nourrit de toutes sortes de fruits, allant sur les charognes ; elle fait souvent de grands dégâts dans les vignes et dans les champs de fèves et de pois. L'hiver, elle se rapproche des lieux habités, où elle trouve plus de ressources pour vivre ; elle est d'une défiance extrême, et la présence de l'homme la fait fuir au loin. On a prêté à cet oiseau un instinct ou un odorat bien merveilleux, prétendant qu'il sent de loin la poudre du chasseur qui la poursuit. La Pie place ordinairement son nid au haut des plus grands arbres, et sa construction est un chef-d'œuvre de maçonnerie. Comme les geais et les sansonnets, la Pie peut retenir quelques mots : *Margot*, est celui qu'elle prononce le plus facilement ; de là vient qu'on lui donne vulgairement ce nom. Elle possède une prévoyance remarquable, en mettant en réserve les provisions qu'elle ne peut utiliser. Cette habitude d'amasser la pousse souvent à enlever des objets sans utilité pour elle, et de là vient qu'on l'accuse vulgairement d'un penchant au larcin.

Outre la Pie commune, nous citerons : la *Pie bleue*, qui se trouve en Espagne ; la *Pie rousse, du Bengale*, et la *Pie commandeur du Mexique*.

PIE-GRIÈCHE

Cette espèce vit dans les bois. Elle est d'un naturel méchant et pousse en effet la cruauté jusqu'au raffinement, détruisant tout sans nécessité.

PIGEON

Cet oiseau est classé dans l'ordre des Gallinacés. Captif volontaire, hôte fugitif, il ne se tient dans le logement qu'on lui offre qu'autant qu'il y trouve la nourriture abondante, le gîte agréable, et toutes les aisances de la vie. Cet oiseau a le jabot très-ample, le gosier très-musculeux ; son vol est soutenu, quoique lourd. Il se nourrit de fruits pulpeux, de graines, plus rarement de limaçons et d'insectes. Les Pigeons font chaque année deux ou trois couvées, et, après la dernière, ils quittent les climats où ils nichent et gagnent des régions plus méridionales.

Les mœurs de ces oiseaux sont douces et familières ; ils s'apprivoisent aisément. A l'état sauvage ils habitent de préférence le voisinage des eaux et la lisière des forêts. La chair du Pigeon domestique est d'assez bon goût.

Parmi les diverses espèces de Pigeons, on remarque : Les *Colombes*, qui ont le bec grêle et flexible, les pieds courts.

Le *Ramier*, qui a le plumage d'un cendré bleuâtre, la poitrine d'un roux vineux, des taches blanches sur les côtés du cou et de l'aile. Il habite les forêts de l'ancien continent, émigre en hiver en Afrique et nous revient en mars. Cette espèce ne produit jamais en captivité.

Le *Biset* ou *Pigeon de roche*. Petit, il n'a que 35 centimètres de longueur; il est d'un gris d'ardoise, avec le tour du cou d'un vert changeant.

La *Tourterelle*, qui se reconnaît à son manteau fauve, tacheté de brun, à son cou bleuâtre, avec une tache de chaque côté.

La *Tourterelle à collier*, que nous élevons en volière.

Enfin le *Goura des Indes*, originaire de la zone torride de l'ancien monde, dont la tête est ornée d'une belle huppe à barbe fine et frisée.

PINSON

Cet oiseau est classé dans l'ordre des Passereaux; il est très-vif, on le voit toujours en mouvement, courant légèrement à terre, et cela, joint à la gaieté de son chant, a donné lieu sans doute au proverbe : « Gai comme un pinson. » Il commence à chanter de très-bonne heure au printemps, et plusieurs jours avant le rossignol ; on distingue dans son chant un prélude, un roulement et une finale. Ces oiseaux se rapprochent l'hiver des habitations ; on les voit aussi en grand nombre sur les routes, confondus avec les verdiers et les alouettes, lorsqu'il tombe de la neige ou qu'un froid rigoureux se fait sentir.

PINTADE

Ce genre d'oiseaux, de l'ordre des Gallinacés, est classé entre les dindons et les faisans, dont ils se distinguent par une queue courte et pendante ; une crête calleuse surmonte leur tête nue. Ils ont les formes générales des faisans.

Ces oiseaux sont originaires d'Afrique, où on les rencontre en grandes troupes.

La Pintade a le plumage ardoisé, semé de taches blanches qui paraissent peintes, d'où est venu son nom générique. Les Portugais l'appelaient autrefois *Gallina pinta* (Poule peinte). Elle aime à se tenir sur le sommet des maisons ; son cri est aigu et perçant ; c'est un animal vif et turbulent. Sa chair est très-savoureuse, et faisait les délices des Romains.

PLUVIER

Oiseau de l'ordre des Échassiers. Les Pluviers se montrent par troupes nombreuses en France, pendant les pluies d'automne, aussi ont-ils emprunté leur nom de leur arrivée dans cette saison pluvieuse.

Ils fréquentent les fonds humides et les terres limoneuses, où ils cherchent des vers et des insectes. Ils frappent la terre avec leurs pieds pour les faire paraître, et ils les saisissent souvent même avant qu'ils ne soient sortis de leur retraite.

Rarement les Pluviers se tiennent plus de vingt-quatre heures dans le même lieu ; comme ils sont en très-grand nombre, ils ont bientôt épuisé la pâture vivante qu'ils viennent y chercher. Les premières neiges les forcent de quitter nos contrées et de gagner des climats plus tempérés. Lorsqu'ils sont à terre, ils ne se tiennent pas en repos, ils sont presque toujours en mouvement. Plusieurs font sentinelle pendant que le gros de la troupe se repaît, et au moindre danger ils jettent un cri qui est le signal de la fuite. En volant ils suivent le vent, et l'ordre de leur marche est assez singulier ; ils se rangent sur une ligne en largeur, et volent ainsi de front.

L'espèce la plus commune des Pluviers est le *Pluvier doré*, qui est de la taille de la grive.

Le *Pluvier à collier*, qui se distingue par un collier de plumes noires entourant le cou.

Parmi les espèces étrangères on remarque le *Pluvier armé* d'Égypte et le *Pluvier-Pie* des Indes.

PLONGEON

Genre d'oiseaux palmipèdes de la famille des Plongeurs. Cet oiseau a le bec lisse, droit, comprimé et pointu, les jambes séparées entièrement du corps, les doigts totalement palmés. Le Plongeon est entièrement aquatique. Sa chair est ordinairement coriace et huileuse.

Les Plongeons parcourent l'onde librement et en tous sens ; ils y trouvent leur subsistance, leur abri, leur asile, et habitent les mers du nord.

POULE

La Poule est d'un tiers plus petite que le coq et d'une allure plus gracieuse. Elle peut produire dès l'âge de six ou huit mois ; une Poule qui vient de pondre éprouve une sorte de transport que partagent les autres qui n'en sont que les témoins, et qu'elles expriment toutes par des cris de joie répétés. Lorsque la Poule a pondu vingt-cinq ou trente œufs, elle se met à les couver ; si on les lui ôte à mesure, elle pond encore davantage et s'épuise par sa fécondité même; mais enfin vient un temps où elle demande à couver par un gloussement particulier. En couvant ses œufs, elle se livre tellement à cette occupation qu'elle en oublie le boire et le manger. Elle est bonne mère, elle aime ses petits et les soigne avec une tendre sollicitude.

ROITELET

Genre d'oiseaux de la famille des Becs-fins, dans l'ordre des Passereaux. Le *Roitelet commun* est le plus petit des oiseaux d'Europe; il est olivâtre en dessus et jaunâtre en dessous. Le mâle porte sur le sommet de la tête une huppe jaune bordée de noir. Le Roitelet vit en famille; il supporte fort bien la captivité et son ramage est doux et agréable. On donne le nom de *Pouillot* à une espèce de Roitelet un peu plus grand que l'espèce ordinaire et dépourvu de huppe.

ROSSIGNOL

Ce genre d'oiseaux est classé dans l'ordre des Passereaux; il n'est point d'homme bien organisé à qui ce même nom ne rappelle quelqu'une de ces belles nuits de printemps, où le ciel étant serein, l'air calme, toute la nature en silence, et pour ainsi dire attentive, il n'a écouté avec ravissement le ramage de ce chantre des forêts. On pourrait citer quelques autres oiseaux chanteurs dont la voix le dispute à certains égards à celle du Rossignol ; mais il n'en est pas un seul que le Rossignol n'efface par la réunion complète de ces talents divers.

On peut dire, et cela avec raison, que toutes les chansons prises dans leur étendue des autres oiseaux n'est qu'un couplet de celle du Rossignol. C'est avec raison qu'on l'a nommé le *roi des chanteurs.*

Son plumage ne répond pas à l'éclat de sa voix ; c'est une modeste robe d'un brun roussâtre en dessus, gris pâle en dessous.

Chaque année il nous arrive au printemps, vers le mois de septembre, il se dirige vers les climats méridionaux.

Le Rossignol chante même en cage, où de barbares amateurs poussent la cruauté jusqu'à priver de la vue le petit chanteur. On nourrit les Rossignols au moyen d'une pâte composée de hachis de cœur de bœuf. On leur donne aussi des larves de ténébrion ou *vers de farine.* Les Rossignols sont difficiles à élever.

ROUGE-GORGE

Ce genre d'oiseaux est de l'ordre des Passereaux et de la famille des Becs-fins. Ils se distinguent des fauvettes par leurs tarses longs et grêles, par leur démarche, et surtout par leurs mœurs. Ce joli petit Passereau est gris-brun en dessus, blanc en dessous, avec la gorge et la poitrine d'un rouge ardent. C'est un des oiseaux les plus familiers et les plus faciles à apprivoiser.

Le Rouge-gorge fait entendre, pendant l'incubation, un chant doux et agréablement modulé ; c'est surtout le matin et soir qu'il donne toute sa voix ; il se tait dans le jour ou ne fait entendre qu'une sorte de gazouillement. Il émigre en septembre pour ne revenir qu'en avril. Quelquefois il reste pendant l'hiver dans nos contrées. Il n'est pas rare alors de le voir se réfugier dans nos habitations et nous charmer par sa gentillesse, sans être nullement effarouché par la présence de l'homme.

SERIN dit CANARI

Genre d'oiseaux dans l'ordre des Passereaux conirostres, faisant partie de la famille des Fringilles.

Le Serin des Canaries, que sa facilité à multiplier en esclavage ainsi que l'agrément de son chant, est répandu partout.

La domesticité a tellement fait varier les couleurs du Serin qu'il est difficile de lui en assigner une primitive. En Europe, il est généralement d'un jaune plus ou moins intense ou nuancé de verdâtre ; mais, dans son pays natal, au Pic de Ténériffe, il est d'un gris verdâtre taché de brun.

Il s'accouple avec plusieurs autres espèces, telles que la linotte, le tarin, le chardonneret, et produit souvent avec elles des *mulets* plus ou moins féconds.

Si le rossignol est le chantre des bois, le Serin est le musicien de la chambre.

Le genre Serin est représenté, en Europe, par une espèce, le *Cini*, qui habite le midi de l'Europe et surtout l'Italie et l'Espagne. Sa voix a beaucoup de force, mais son chant consiste en un cri strident, aigu, continu et fort monotone, quoique modulé.

Le *Cini* est d'un vert olivâtre taché de brun dessus, d'un beau jaune au-dessous.

On remarque le Serin dit *Serin-hollandais*, qui est d'un jaune brillant et d'une élégance de forme remarquable.

TOUCAN

Genre d'oiseaux de l'ordre des Grimpeurs, remarquable par l'énormité de leur bec, qui, dans quelques espèces, est presque aussi grand et aussi gros que le corps. Ce bec, arqué vers le bout, est dentelé aux bords. Ces oiseaux sont originaires des parties chaudes de l'Amérique, où ils vivent en famille, se nourrissent d'insectes et d'œufs de petits oiseaux.

Les Toucans jettent leur proie en l'air pour la recevoir dans leur gosier sans la mâcher. Ces oiseaux ont le plumage vert et noir avec la gorge et la poitrine jaunes ou rouges.

TOURTERELLE (Voyez *Pigeon*)

VANNEAU HUPPÉ

Genre d'oiseaux de l'ordre des Échassiers, très-voisins des Pluviers, dont ils diffèrent par la présence d'un pouce très-petit, qui manque chez les Pluviers. On n'en connaît qu'une espèce en Europe : le *Vanneau huppé*, joli oiseau, de la taille d'un pigeon, d'un noir bronzé à reflets d'un vert doré. Il porte sur la tête une huppe longue et déliée. Les Vanneaux sont des oiseaux qui vivent par troupes dans les terrains humides et sur les bords des rivières; ils sont d'une nature très-farouche.

Le Vanneau prend la fuite à la moindre apparence de danger : son vol est vigoureux et soutenu. Lorsqu'il prend son essort il pousse un petit cri qui peut se traduire assez fidèlement par les syllabes *dix-huit*. C'est un oiseau très-vif et très-gai, fort gracieux dans ses mouvements. La famille fait son nid en mars ; elle le place dans les herbes ou dans les joncs et y pond de cinq à six œufs qu'elle couve pendant vingt jours.

En naissant, les petits sont assez forts pour suivre leur mère. Les Vanneaux n'arrivent dans nos climats que vers la fin de février, pour nous quitter vers la fin d'octobre.

VAUTOUR

Le Vautour est classé dans l'ordre des oiseaux de proie diurnes. Il est remarquable par la nudité de sa tête, par la longueur de son cou, presque toujours garni à sa base d'un collier de duvet.

Il a l'instinct de la basse gourmandise et de la voracité ; il ne combat guère les vivants que quand il ne peut s'assouvir sur les morts.

Pour peu que ces oiseaux prévoient de la résistance, ils se réunissent en groupes comme de lâches assassins et s'acharnent sur les cadavres au point de les déchiqueter jusqu'aux os ; la corruption et l'infection les attirent au lieu de les repousser.

On remarque le roi des Vautours, au Brésil, à son plumage couleur café au lait clair ; il doit son nom à la couronne d'un rouge vif qui orne sa tête. Cet oiseau abonde en Grèce, en Arabie, et était fort respecté des Égyptiens.

VEUVE

Genre d'oiseaux se distinguant des moineaux par la queue, qui a, chez les mâles, des pennes très-allongées. Les Veuves sont originaires africaines ; ce sont, comme tous les autres moineaux, des oiseaux très-vifs, toujours en mouvement. Leur nid est artistement construit ; l'une d'elles surtout, la *Veuve à épaulettes*, a des habitudes très-remarquables. Dans cette espèce, une trentaine de femelles concourent ordinairement à la construction du nid, et toutes y pondent dans des compartiments particuliers qu'elles y ménagent. C'est un établissement commun dans lequel chaque ouvrière a sa loge distincte, et ce qu'il y a de plus remarquable encore, c'est qu'un seul mâle, ou deux tout au plus, règnent dans cette sorte de république.

On en distingue cinq sortes : La *Veuve à épaulettes*, la *Veuve à quatre brins*, la *Veuve à collier*, la *Veuve dominicaine*, la *grande Veuve*.

Paris. — Imprimerie de Édouard BLOT, rue Saint-Louis, 46
(Ancienne maison Dondey-Dupré).

EXTRAIT
DU CATALOGUE DE JEUX INSTRUCTIFS ET AMUSANTS.

LES ENFANTS DE LA BIBLE, grande et belle boîte, sujets de patience, en couleur, représentant les scènes les plus intéressantes de l'Histoire sacrée. Prix.............. 12 fr.

MAPPEMONDE, illustrée de 90 gravures et vignettes, boîte très-riche, avec une notice...................... 14 fr.

JEU DE LOTO DES ROIS DE FRANCE, boîte riche... 12 fr.

JEU DE LOTO DES DÉPARTEMENTS DE LA FRANCE, boîte riche...................... 12 fr.

GÉOGRAPHIE DE L'EUROPE ET DE LA FRANCE, grande boîte riche...................... 12 fr.

Les Cartes de cette géographie sont établies en jeu de patience.

LE BUFFON DES ENFANTS, joli jeu de patience accompagné d'une notice...................... 12 fr.

VOYAGE MERVEILLEUX DE M. JOBARD, jeu pittoresque, géographique — hydrographique; par Eugène Houx-Marc. Jolie boîte...................... 12 fr.

CHASSES A RAMBOUILLET, grande boîte contenant un grand nombre de sujets découpés, montés sur bois. 15 fr.

GARDE IMPÉRIALE, grande boîte. Prix.......... 15 fr.

IMP. DE EDOUARD BLOT, RUE SAINT-LOUIS, 46, AU MARAIS

Ancienne maison Dondey-Dupré.

9 782329 251547